LA MER

ET

LES CONTINENTS

LEUR PARENTÉ

IMPRIMERIE L. TOINON ET Cᵉ, A SAINT-GERMAIN.

CONFÉRENCES POPULAIRES
FAITES A L'ASILE IMPÉRIAL DE VINCENNES
SOUS LE PATRONAGE
DE S. M. L'IMPÉRATRICE

LA MER

ET

LES CONTINENTS

LEUR PARENTÉ

PAR

A. DAUBRÉE

Membre de l'Institut, Inspecteur général des mines
Professeur au Muséum d'histoire naturelle.

PARIS

LIBRAIRIE DE L. HACHETTE ET Cⁱᵉ
BOULEVARD SAINT-GERMAIN, Nᵒ 77

1867

LA MER

ET

LES CONTINENTS

LEUR PARENTÉ

Messieurs,

Dans une première conférence, nous avons montré comment la chaleur a contribué à la formation du globe. Aujourd'hui nous allons reconnaître la part que l'eau, et particulièrement l'eau de la mer, a prise dans cette formation. Nous constaterons que, dès les époques les plus reculées, la mer a contribué à la construction des principales masses pierreuses qui constituent le sous-sol

de la plus grande partie des continents ; en la
voyant continuer son œuvre de notre temps,
sous nos yeux, nous saisirons le secret de
cette ancienne intervention. Enfin nous éta-
blirons par là comment il existe, entre la
mer et les continents, un véritable lien de
parenté.

Vous savez que le nom de *mer* ou d'*océan* est
donné à cette nappe d'eau continue qui couvre les trois quarts de la surface du globe ; les
parties du globe qui s'élèvent au-dessus de
la mer forment ce qu'on nomme les *continents*.

La mer pénètre, suivant des contours irréguliers, dans l'intérieur des continents, et
y forme des ramifications qui ont reçu des
géographes des noms particuliers. Ainsi, la
partie du monde que nous habitons, l'Europe, est surtout découpée en articulations

par des golfes profonds que l'on distingue sous les noms de mer Blanche, mer Baltique, Méditerranée, Adriatique, mer Noire, mais qui, sauf la mer Caspienne, appartiennent en réalité à une même masse d'eau.

Dans le voisinage des continents, la profondeur de la mer est peu considérable. Elle ne dépasse pas cinquante-six mètres dans le Pas de Calais; et, dans le reste de la Manche, elle est inférieure à deux cents mètres. Le long des côtes de France qui bordent l'océan Atlantique, la profondeur, également très-faible, va graduellement en augmentant à mesure qu'on s'éloigne du rivage; il faut aller jusqu'à soixante-dix kilomètres de la terre ferme pour atteindre des régions où la profondeur moyenne est de cent mètres.

Cette région est donc bordée d'une sorte de plate-forme sous-marine, de façon que si le niveau de la mer baissait seulement de cent mètres, de vastes étendues, ressemblant à des plaines, seraient mises à sec.

Mais il n'en est pas partout de même ; ces faibles profondeurs, dans le bassin des mers, sont plutôt une exception.

Dans la Méditerranée, la profondeur dépasse, dans beaucoup de points, deux mille et trois mille mètres.

Quand on s'avance dans cette vaste étendue de mer désignée sous le nom d'océan Atlantique, on trouve de très-grandes profondeurs. En posant le câble télégraphique qui unit le nouveau monde à l'ancien par des communications presque instantanées, on a reconnu des profondeurs de quatre mille quatre cents mètres. Elles sont bien plus considérables encore dans d'autres régions, par exemple aux environs de l'île Sainte-Hélène. Mais c'est surtout dans l'océan Pacifique qu'il existe des profondeurs énormes, et cela, sur de vastes étendues : il y a d'immenses régions où, d'après de nombreux sondages, elles ont été évaluées à huit mille ou neuf mille mètres.

D'après les nombreuses mesures qui ont été prises dans les diverses parties du globe, on estime que la profondeur moyenne de la mer, c'est-à-dire celle qu'elle aurait si elle formait une couche d'épaisseur uniforme, n'a pas moins de trois mille cinq cents mètres. Répartie sur toute l'étendue du globe, au lieu de l'être sur les trois quarts seulement, cette nappe d'eau n'aurait pas moins de deux mille cinq cents mètres d'épaisseur. Il est bien entendu que ces derniers nombres ne sont qu'approximatifs.

D'un autre côté, les continents sont beaucoup moins saillants au-dessus des eaux que la mer n'est profonde. On a calculé que si toutes les terres étaient nivelées, de manière à faire disparaître les montagnes et les vallées, et à transformer cette couche inégale en une surface parfaitement unie, on aurait un massif d'une élévation uniforme de trois cents mètres au-dessus du niveau des mers; en sorte que, si les matériaux qui constituent la terre ferme étaient étendus à la surface entière du globe, de façon à figurer une boule tout à fait régulière, la hauteur n'en serait plus que d'environ soixante-quinze mètres, puisqu'ils couvriraient quatre fois plus de superficie qu'ils n'en occupent en réalité.

La mer n'est jamais en repos; et les mouvements incessants qui l'agitent sont de trois espèces principales. Les uns sont irréguliers, et prennent naissance par l'action du vent qui frappe la mer et la pousse dans toutes sortes de directions : ce sont les *vagues*. D'autres sont périodiques; l'attraction des astres, et spécialement de la lune, est la cause qui les produit : ce sont le *flux* et le *reflux*, qu'on appelle aussi les *marées*. Enfin il est de ces mouvements qui sont permanents et se présentent comme de véritables fleuves au sein de la mer. Ces sortes de fleuves sous-marins, qui ont reçu le nom de *courants*, sont dus à l'écoulement incessant de certaines parties de l'Océan vers d'autres régions. C'est à la faveur de pareils courants que des débris d'arbres des tropiques, d'acajou par exemple, sont constamment portés sur les côtes d'Islande.

Ceci posé, et avant de vous expliquer comment les matériaux que nous voyons à la surface des continents ont été produits par

les eaux de la mer, il faut vous dire en quoi
consistent les principales pierres que vous
rencontrez à chaque pas, ou que vous voyez
utiliser dans les constructions qui s'élèvent
autour de vous. Ces pierres portent aussi le
nom de *roches* : c'est le nom que, dans l'é-
tude de la terre, on leur donne le plus ordinairement.

I

Au milieu des différences de couleur et
d'aspect que les roches peuvent présenter,
nous pouvons tenir compte d'abord du caractère de la dureté, et les distinguer en
pierres *tendres* et en pierres *dures*. Les
pierres tendres se laissent rayer par une
pointe d'acier et n'entament pas le verre ;
les pierres dures au contraire, ne se laissent
pas rayer par la pointe d'acier et rayent le

verre ; elles ressemblent par ce caractère aux pierres précieuses qui, à raison de leur peu d'abondance, ne méritent pas le nom de roches, et ne nous occuperont pas ici.

Quelque simple que paraisse l'essai de la dureté d'une pierre, il faut éviter avec soin deux causes d'erreurs qui se présentent quand on veut essayer ce caractère. D'abord, comme la surface qui est exposée à l'air peut être altérée par certaines influences dont nous parlerons tout à l'heure, ou même être recouverte de menus végétaux que l'on connaît sous le nom de lichens, le plus sûr, pour en constater la dureté, est de produire dans la pierre une cassure fraîche par un coup de marteau. En outre, quand on appuie avec la pointe d'acier, il faut quelquefois regarder avec soin, pour voir si la ligne qui apparaît alors résulte de ce que

la pierre est réellement entamée par l'instrument, ou si, au contraire, elle ne résulte
pas simplement de ce que le fer a laissé sa
trace sur sa surface, absolument comme un
crayon sur une feuille de papier.

Le type de la pierre tendre vous est particulièrement connu. C'est la pierre à bâtir
dont est construit Paris. On l'appelle *calcaire*, du mot latin qui veut dire chaux,
parce que celle-ci en est la base essentielle.
On le reconnaît, quand on fabrique la chaux
que vous voyez tous les jours mise en usage
dans la fabrication du mortier. Il suffit en
effet, pour cela, de chauffer suffisamment le
calcaire qui se décompose.

Le calcaire est quelquefois faiblement
agrégé, de telle sorte qu'il se laisse scier à
sec, et qu'on peut le couper et le tailler à la
hachette. On l'emploie cependant alors,

non-seulement comme moellon, mais encore comme pierre d'appareil, parce qu'il se durcit à l'air en se desséchant. D'autres fois, ce calcaire possède une cohérence telle qu'il peut recevoir le poli, comme on le remarque dans l'Arc de triomphe de l'Étoile ou le pont de Solferino. Dans ce cas, il se rapproche des *pierres lithographiques* qui représentent une autre manière d'être du calcaire.

Des calcaires friables et des calcaires résistants s'exploitent aux environs immédiats de Paris pour la construction de la capitale, tant à ciel ouvert que par travaux souterrains, par exemple, à Vaugirard et à Montrouge. On les a même exploités jadis dans les parties couvertes aujourd'hui par des quartiers populeux ; de là, ces galeries souterraines, connues sous le nom de Catacombes, qu'il faut entretenir et soutenir avec soin, pour prévenir des éboulements qui compromettraient les maisons.

Depuis que l'établissement des chemins de fer a facilité les transports de toute espèce, on apporte à Paris, pour les constructions, des calcaires qui proviennent de diverses régions de la France; car des parties considérables de notre pays sont formées de calcaire; par exemple, la chaîne du Jura. Comme Paris, la plupart des villes de France sont construites en calcaire.

Parmi les calcaires friables, il en est un que ses caractères tranchés vous ont appris à distinguer de tous les autres. C'est la *craie*. Elle constitue, à elle seule, certains pays tels que les plateaux de la Champagne qui, sans les efforts de ses laborieux habitants, seraient restés secs et arides.

Le *marbre* que nous avons si souvent l'oc-

casion de voir, puisqu'il sert à la décoration
intérieure de nos habitations, est aussi une
variété de calcaire. Il se distingue par le
poli qu'il peut acquérir, et par des couleurs
agréables et variées. Faisons observer ici
que le marbre appartient à notre groupe des
pierres tendres, contrairement à cette locu-
tion : « dur comme le marbre. »

Toutes les pierres dont je viens de vous
entretenir, malgré les grandes différences
d'aspect qu'elles présentent, ont la même
composition ; toutes consistent en chaux car-
bonatée. Laissez tomber sur l'une quelcon-
que d'entre elles une goutte de vinaigre, et
vous verrez se produire comme une ébulli-
tion due au dégagement de l'acide carbonique, et qu'on appelle *effervescence*. La
chaux se dissout dans le vinaigre, et le gaz
acide carbonique s'échappe sous forme de

bulles, comme celui d'une bouteille d'eau de Seltz ou du vin en fermentation.

Ces différents états présentés par une même substance ne doivent pas vous étonner plus que ceux que vous connaissez dans le sucre : sucre ordinaire, sucre candi, sucre d'orge, cassonade, et même sucre à l'état de sirop ou de mélasse. Les différences sont même moins frappantes que celles qui existent entre le diamant et le noir de fumée qui, tous les deux, sont incontestablement du charbon à peu près pur, du *carbone*, suivant le langage des chimistes.

La *pierre à plâtre* ou *gypse* représente une deuxième espèce de pierre, moins abondante que le calcaire, mais qui s'exploite aussi aux environs de Paris. L'abondance de la pierre à plâtre aux environs de Paris, en même temps que celle de la pierre de con-

struction, est l'une des circonstances qui ont
évidemment contribué, comme on l'a remarqué, au grand développement qu'a pris
la capitale de la France.

Vous distinguerez toujours facilement le
gypse du calcaire, à ce caractère qu'il ne
fait pas effervescence au contact du vinaigre,
et à ce que, même quand il est compacte,
comme le calcaire le mieux agrégé, il se
laisse rayer par l'ongle.

Une troisième roche qu'il convient de
bien distinguer, est l'*argile*, dont vous avez un
exemple dans la terre glaise de Vaugirard.
L'argile est remarquable par sa *plasticité*,
c'est-à-dire par la propriété qu'elle a de
faire pâte avec l'eau, ce qui permet de lui
faire prendre des formes très-variées. Une
simple cuisson lui communique des pro-
priétés toutes contraires : une fois cuite, elle

est dure, et l'eau est sans action sur elle.
C'est sur ce double fait qu'est fondée la fabrication des poteries de toutes sortes, depuis la porcelaine et la faïence, jusqu'aux
terres cuites les plus grossières, tuyaux,
tuiles, briques. Cette industrie, de première
importance pour l'homme, s'est développée
chez tous les peuples et dès la plus haute
antiquité.

Le *limon*, qui se dépose sur les bords et
au fond des cours d'eau, est une variété d'argile, fortement mêlée de sable.

La *marne*, dont on fait un si grand usage
comme amendement du sol végétal, est une
argile, mélangée intimement de calcaire en
forte proportion, ce qui se constate par l'effervescence abondante qu'elle produit avec
le vinaigre. On trouve de la marne dans une
foule de points autour de Paris, et par

exemple, à Pantin où elle sert précisément, à cause de ce mélange naturel de calcaire et d'argile, à faire cette chaux qui durcit sous l'eau, et que l'on nomme pour cela *hydraulique*.

Les *ardoises*, qui recouvrent nos toits, se rapprochent beaucoup pour la composition des véritables argiles. On peut les considérer comme des argiles durcies sous la double influence d'une certaine chaleur, ainsi que d'une compression considérable et d'une sorte de glissement, auxquels elles doivent le feuilleté qui permet de les débiter facilement en plaques minces et légères.

Parmi les *pierres dures*, celle qui peut nous servir de type, parce que nous la rencontrons à chaque pas, c'est le *silex* ou *pierre à fusil*. On l'exploitait autrefois en abondance, à cause de sa propriété de faire feu par le choc de l'acier, ce qui le faisait entrer dans la fabrication des briquets et des fusils. Elle est incomparablement moins employée depuis l'invention des allumettes et des amorces fulminantes.

Cette pierre, qu'elle soit gris foncé ou blonde, est formée de ce que l'on appelle la *silice*, matière que je n'hésite pas à vous nommer, bien qu'elle vous soit beaucoup moins familière que la chaux. J'appelle même sur elle toute votre attention, parce qu'elle possède dans les pierres dures la même importance que la chaux dans les pierres tendres.

La silice se présente d'ailleurs sous des aspects qui ne sont pas moins variés que ceux du calcaire.

Citons d'abord la *pierre meulière*, qui diffère du silex ordinaire par les cavités dont

elle est criblée. C'est à cette structure caver-
neuse, jointe à sa dureté, que les meules
doivent de couper le grain, de façon à le
moudre. Les meulières qu'on exploite aux
environs de la Ferté-sous-Jouarre et d'É-
pernon sont particulièrement propres à la
fabrication des meules à moulins; mais la
plupart des meulières des environs de Paris
servent pour la construction; vous en avez
de toutes parts des exemples dans les fortifi-
cations de Paris, dans les réservoirs des
eaux et dans les travaux de parement des
chemins de fer.

Le *sable* que vous rencontrez presque partout sous vos pieds, appartient, pour la plus
grande partie, à la même espèce que le silex
et la meulière. Il est presque inutile de vous
rappeler l'usage qu'on en fait dans la prépa-
ration des mortiers, dans le sciage et le polis-

sage des pierres, et, quand il est pur, dans la fabrication du verre, dont la silice est l'élément essentiel.

Le silex, la meulière et le sable apparte-nant, comme je viens de vous le dire, à la même espèce minérale, on les a réunis sous le nom commun de *quartz* qui a été adopté dans toutes les langues de l'Europe, et dont l'origine est allemande.

Ces trois pierres ne représentent d'ailleurs pas à beaucoup près toutes les variétés de quartz ; je pourrais vous en citer plusieurs autres qui, sans être aussi abondantes, vous sont néanmoins connues. Tels sont l'*agate* et le *jaspe* que leur belle couleur et leur dureté ont fait admettre de tout temps parmi les pierres fines. Tel est aussi le **cristal de roche**, transparent et incolore comme le verre, et qui représente le quartz à son plus grand degré

de pureté. Vous pourrez voir, comme échan-
tillon de quartz, le cristal rapporté par le
général Bonaparte, en 1797, lors de la cam-
pagne d'Italie, et qui est conservé dans la
galerie de géologie du Muséum d'histoire
naturelle. C'est le plus gros qui existe dans
les collections, et son poids est égal à 400 ki-
logrammes.

Le sable, que vous voyez souvent incohérent, comme s'il venait d'être pulvérisé, se
trouve le plus ordinairement agrégé ou ci-
menté, constituant une masse tout à fait solide. C'est alors une pierre bien connue sous
le nom de *grès*; son nom allemand, *sandstein*
ou *pierre de sable*, en définit bien la nature.
Cette pierre vous est familière, puisqu'elle
est employée en grande quantité pour le
pavage de Paris; c'est le grès dit de Fontai-
nebleau, parce que cette localité en fournit

2

beaucoup. On l'exploite plus près encore, à Orsay et à Marcoussis.

— Ce grès, qui à première vue semble homogène, c'est-à-dire formé dans toutes ses parties d'une seule et même substance, est en réalité composé de deux matières différentes. Si vous en plongez un fragment dans du vinaigre, vous verrez, en effet, une effervescence se produire, par suite de la dissolution d'une sorte de ciment calcaire ; en même temps, un véritable sable quartzeux se réunira au fond du vase où vous ferez l'expérience.

La nature sableuse de cette pierre se reconnaît d'ailleurs tout aussi clairement, quand on visite les carrières où on l'exploite. Au milieu de sables ordinaires, tout à fait sans cohésion, se trouvent des parties en forme de grands rognons, où ces mêmes sables ont été consolidés comme par une infiltration, à peu près de la même manière qu'on les agglutine artificiellement en les gâchant avec de la chaux pour en faire du mortier.

Les grès sont des pierres très-répandues : des pays, comme certaines régions de la chaîne des Vosges, en sont formés; des villes, comme Strasbourg, en sont entièrement construites.

Remarquons que ces grès paraissent participer à la fois des caractères des pierres dures et des pierres tendres. Les petits grains dont ils sont formés sont très-durs, puisque chacun d'eux peut rayer le verre; cependant la pierre se laisse facilement, non pas rayer, mais égrener par la pointe d'un couteau.

Aux grès se rattachent des pierres très-communes aussi dans certaines contrées, et qui sont formées par l'agglomération de cailloux plus ou moins volumineux. Ces pierres portent alors le nom de *poudingues*. Les Vosges, sur leurs principales sommités, sont formées de poudingues avec cailloux de quartz ; en Suisse, par exemple au Righi, on retrouve encore des poudingues jusqu'à des hauteurs de plus de 1800 mètres ; mais dans ce dernier pays, les cailloux, au lieu d'être exclusivement quartzeux, sont de nature variée.

Il existe encore quelques autres roches dures, mais dont l'étude ne doit pas nous occuper aujourd'hui. Je rappellerai seulement deux d'entre elles, le *granite* et la *lave*, dont j'ai eu l'occasion de vous parler dans une première conférence[1].

Ces notions élémentaires se fixeront dans votre esprit, si vous essayez de les appliquer en examinant les matériaux que vous ren-

1. La *Chaleur intérieure du globe.*

contrez, soit dans les carrières, soit sur les chantiers ou sur les ports de la Seine, c'est-à-dire en essayant de les reconnaître par vous-mêmes. Comme vous le voyez, ils appartiennent à un très-petit nombre d'espèces.

II

Quand on examine les pierres dont nous venons de parler, on trouve souvent la preuve qu'elles ont été produites par l'intermédiaire de l'eau.

L'examen de petits échantillons suffit parfois pour s'en convaincre. Ainsi les cailloux roulés que l'on voit dans beaucoup de ces pierres, principalement dans les grès et les poudingues, sont parfaitement identiques aux cailloux et aux galets que l'on rencontre partout aux bords des mers ou des rivières ; comme eux, ils n'ont pu acquérir les formes arrondies qu'ils nous présentent, que par le frottement qu'ils ont subi au milieu des eaux, soit dans le lit des torrents et des rivières, soit sur le littoral de l'Océan. Il en est de même des sables qui sont associés à ces cailloux. On doit donc penser que les pierres qui les renferment ont été, à certaine époque, soumises à l'action de l'eau.

Cette origine est également démontrée par la présence, dans plusieurs roches, d'innombrables coquilles. Ces coquilles sont les dépouilles solides et imputréfiables d'animaux ordinairement marins, qui se sont accumulés après leur mort au fond de l'Océan.

Si au lieu d'examiner des échantillons peu volumineux, on étudie les roches sur le terrain, cette conclusion se trouve tout à fait confirmée. Ce qui frappe en effet à première vue, c'est la disposition de ces roches en couches régulièrement superposées et tout à fait analogues, comme je vous le montrerai tout à l'heure, aux dépôts actuels de la mer.

Aussi, pour nous rendre aisément compte de la formation des roches qui constituent les continents, faut-il d'abord examiner avec attention ce qui se passe aujourd'hui sous nos yeux, et comment des pierres, tout à fait de même nature, se forment tous les jours encore à notre époque, sur le littoral et à l'intérieur de la mer.

Remarquons tout d'abord comment, sous la simple influence de l'air, presque toutes les roches s'altèrent. Bien peu de pierres, même des plus dures, comme le granite, résistent à cette influence dont la continuité fait surtout la force.

Trois causes principales concourent à l'altération de toutes les roches, de toutes les
pierres qui se trouvent exposées à l'air.

Il y a, en premier lieu, une action chimique exercée par l'air, que nous ne ferons
que mentionner, bien que les effets en soient
très-notables, parce qu'il serait difficile de
vous en exposer brièvement le mécanisme.

En second lieu, l'eau qui tombe de l'atmosphère sur les roches, les humecte, les
pénètre et s'y infiltre en partie. Une fois
dans l'intérieur de la roche, si l'eau vient
à se congeler, elle augmente de volume,
comme il arrive toutes les fois qu'elle passe
à l'état de glace. Agissant alors comme un
coin entre les pores ou les minces fissures de
la pierre, elle la fait éclater et la réduit en
petits fragments. De là vient que certaines
pierres appelées *gélives* n'ont aucune durée et

doivent être, pour cela, exclues des construc-tions. Elle est l'une des causes les plus actives de la démolition des roches. Ceux qui ont visité les régions de hautes montagnes, les Alpes par exemple, ont vu combien les éboulements de rochers sont fréquents ; les plus hautes cimes sont en voie de démoli-tion continuelle. D'ailleurs les avalanches et les chutes de pierres ne se produisent pas seulement dans les régions les plus élevées ; elles ont souvent ravagé les lieux habités.

L'eau liquide, en s'enfonçant dans des roches à diverses profondeurs, produit aussi des démolitions par voie de glissement. On connaît le désastre qui eut lieu en Suisse le 2 septembre 1806, lorsque le village de Gol-dau fut détruit, et que plus de 800 personnes périrent. Il se détacha alors de la montagne de Rossberg, près du Righi, par suite d'un glissement provoqué par une longue suite de pluies, une masse dont le volume n'avait pas moins de trente millions de mètres cubes. Ce sont donc des quartiers de montagne qui se détachent parfois.

Les plantes contribuent aussi pour leur part à désagréger les masses pierreuses, d'abord en leur enlevant une partie des principes minéraux qui leur sont nécessaires, puis surtout en y enfonçant leurs racines. Cette opération est commencée par de petits végétaux, tels que les lichens et les mousses, qui viennent s'établir sur les roches nues et arides qu'ils recouvrent bientôt d'une couche continue.

L'action des végétaux sur les roches a aussi un autre intérêt que je dois vous signaler en passant. Elle nous montre comment se forme la *terre végétale*. Car celle-ci n'a pas toujours existé, non plus que les roches qui lui servent de support. Elle forme une couche, un tapis, recouvrant les continents d'une manière à peu près continue, excepté dans les déserts de sable où il ne pleut jamais. Sans cette terre végétale, les plantes et les arbres qui couvrent la surface des continents n'existeraient pas ; non plus, par conséquent, que les animaux herbivores qui s'en nourrissent, ni les carnivores qui mangent ceux-ci, ni l'homme lui-même. C'est ainsi que les plus petits végétaux, malgré leur humble apparence, jouent un des premiers rôles dans l'harmonie de la nature.

Comme vous pouvez en juger par un examen attentif, la terre végétale se compose de menus fragments de roches, auxquels se trouvent mélangés les débris de végétaux, à un état plus ou moins avancé de décomposition, au point qu'ils sont souvent devenus méconnaissables ; ces restes végétaux ont acquis une couleur noirâtre et donnent à la terre la teinte foncée que vous lui connaissez, et qui la fait distinguer tout d'abord des masses pierreuses sous-jacentes. La substance noire de la terre contribue pour une part à la conservation des plantes, en lui permettant d'emmagasiner la chaleur solaire et, par conséquent, de préserver les végétaux contre la gelée.

Il est facile, par un simple lavage, d'isoler la partie de la terre qui est d'origine végétale ; il reste alors la partie pierreuse ou minérale qui constitue la portion la plus importante du poids de la terre.

La terre végétale se produit avec une lenteur extrême, surtout dans nos contrées. Mais dans les régions tropicales, où la végé-

tation est exubérante, on a pu parfois constater sa formation en un petit nombre
d'années. C'est ainsi qu'à la Nouvelle-Gre-
nade, à la suite d'un éboulement de montagne, un sol formé de pierres s'est recouvert, au bout d'une dizaine d'années, d'une
riche végétation de cannes à sucre.

En résumé, vous venez de voir l'action de
ces trois causes principales de destruction
des roches : action chimique de l'air, action
physique de l'eau, action physiologique des
plantes. Toutes trois concourent finalement
à la même transformation : la roche, d'abord
massive et cohérente, se réduit peu à peu en
menus fragments. Cette transformation s'o-
père partout à la surface des continents, qui
se couvre de débris de roches, non plus solides comme des pierres, mais meubles et
arénacés, et sur lesquels les eaux courantes

ont alors facilement prise, soit pour les atta-
quer, soit pour les déplacer.

Ces eaux courantes, dont le nom varie suivant le volume et l'état qu'elles possèdent :
*eaux sauvages, ruisseaux, torrents, riviè-
res, fleuves* et même *glaciers*, arrachent à
chaque instant des débris qu'elles transpor-
tent à des distances diverses, suivant leur
poids.

A la suite des eaux courantes, j'ai cité les
glaciers, ces masses de glaces qui s'accumulent dans le fond des vallées, autour des
massifs de montagnes couvertes de neiges
perpétuelles ; c'est que, malgré leur immo-
bilité apparente, ces glaciers, d'un aspect si
magnifique et si imposant, sont doués d'un
mouvement lent et continu. Aussi, à raison
de leur état solide et de leur énorme poids,
constituent-ils, bien plus encore que l'eau

liquide, un agent d'usure et de transport des plus énergiques.

Vous avez été récemment émus de la puissance de transport des eaux, par les effets désastreux qu'elles ont produits, lors des inondations qui viennent d'affliger vingt départements de la France. Des ouvrages d'art, les plus solides digues, ponts, routes, chemins de fer, n'ont pu résister à son action.

Ce n'est pas seulement sur les continents, c'est aussi sur une foule de points du littoral des mers que les eaux opèrent des actes de démolition incessante. Tous ceux d'entre vous qui ont vu les falaises de la Normandie, ont remarqué ces grands escarpements pierreux que les vagues rongent constamment à leur base et font souvent reculer d'une quantité très-sensible, même dans le cours d'une année. En effet ces vagues ont souvent assez de force pour soulever et transporter d'énormes blocs de rochers. Leur force de destruction contre les falaises est d'ailleurs puissamment aidée par les masses pierreuses qu'elles lancent contre les escarpements, et dont elles se servent, à la manière d'un bélier, pour les battre en brèche.

Vous foulez tous les jours aux pieds, non-seulement sur les bords de la mer, mais aussi dans l'intérieur des terres, ces pierres de forme arrondie et comme polies, auxquelles on réserve le nom de *cailloux* et quelquefois de *galets*. Il importe que vous sachiez bien comment l'eau les a façonnés, et comment elle en façonne encore de toutes parts.

C'est d'autant plus facile, que vous pouvez vous-mêmes assister à leur production. Partout où l'eau courante rencontre les parties

menues détachées des masses rocheuses désa-
grégées, elles les entraîne dans les ruisseaux,
les torrents, les rivières. Ces fragments, d'a-
bord anguleux, frottent ou choquent les uns
contre les autres, s'émoussent peu à peu sur
les angles, s'arrondissent et passent à l'état
de cailloux roulés. La même chose arrive
sur le bord de la mer, où l'eau, constamment
en mouvement, exerce son action mécanique
sur les débris pierreux du rivage.

En même temps que les cailloux s'arrondissent, par suite de leur usure mutuelle, ils
se pulvérisent en partie et produisent ainsi
du *sable* et du *limon* qui entre en circulation
dans l'eau. Ce dernier est le produit le plus
fin de la trituration des roches ; c'est une
boue qui résulte, comme celle que vous
voyez se produire sur le pavé, et surtout sur
le macadam, dans des conditions différentes,

mais également par l'usure, sous le frottement des roues et des fers des chevaux.

Les phénomènes de trituration naturelle
dont il s'agit sont d'une extrême importance
pour l'histoire de notre globe, car ils se
passent de toutes parts, et n'ont pas cessé
d'avoir lieu depuis que l'eau est en mouvement sur la surface de la terre.

Ces faits se reproduisent par l'expérience :
en faisant frotter des fragments de roches
dans l'eau que l'on met en mouvement, par
exemple dans un cylindre doué de rotation,
on peut les transformer en véritables cailloux, tout à fait semblables à ceux qui se
produisent dans la nature.

Que les débris pierreux dont nous venons
de parler soient des cailloux, du sable ou
du limon, il arrive un moment où l'eau qui
les tenait en suspension et les transportait,

perd sa vitesse et, par suite, les abandonne.
Il se passe alors quelque chose d'analogue
à ce que vous pouvez reproduire en agitant
fortement du gravier dans un vase plein
d'eau, puis laissant reposer; les matières
grossières, puis le sable et enfin le limon
se déposent successivement.

Ces dépôts se font quelquefois le long des
fleuves : de là les accumulations de limon ou
de sable qui les bordent en différentes parties
de leur cours, et dont la surface unie et ni-
velée rappelle la nappe d'eau qui l'a étalée.
C'est ce que l'on appelle *alluvions*.

Toutefois, c'est à l'embouchure des rivières, soit dans les lacs, soit dans la mer, que
le ralentissement s'opère de la manière la
plus marquée ; aussi est-ce dans cette portion des cours d'eau que les plaines d'alluvions sont particulièrement développées.

La vaste plaine de la Basse-Égypte, que le Nil submerge chaque année dans sa crue périodique, en présente un exemple. A chaque crue, dont les anciens habitants du pays avaient parfaitement reconnu la cause et l'intérêt, cette plaine reçoit un limon auquel elle doit son admirable fécondité et même son existence.

Sur certaines parties de nos côtes de France, principalement à l'embouchure des rivières, on voit se former des attérissements marins du même genre : d'abord sous l'eau, ils s'exhaussent peu à peu, presque au niveau des plus hautes mers, et finissent par être à sec pendant une partie de l'année. Alors ils se recouvrent d'une végétation terrestre luxuriante, sont mis en culture, et deviennent même habitables. Il y a telle région de la Normandie où ces plages, qui étaient, il y a un siècle, sous les eaux, sont maintenant d'excellentes terres, grâce à cette arrivée continuelle du limon. On peut citer, comme exemple de cette conquête de l'agriculture sur la mer, la baie des Vays, près Isigny, dont la largeur et la longueur dépassent huit kilomètres.

En Hollande, les habitants n'attendent pas ainsi que la mer abandonne ses attérissements, pour en tirer parti par la culture. Avant que le dépôt limoneux soit arrivé à fleur d'eau, on le préserve de la submersion en l'entourant de digues qui ne permettent plus à la mer de le recouvrir. C'est ainsi que les terres les plus fertiles de la Hollande ont une existence artificielle. Aussi la mer à laquelle on les a enlevées tend-elle constamment à reconquérir son ancien domaine ; pour les préserver de désastres qui

3.

ne sont pas sans exemples dans l'histoire, il est nécessaire d'entretenir les digues avec le plus grand soin.

Les attérissements ne sont pas restreints à la lisière de la terre ferme. Il s'en produit encore à une certaine distance du rivage, et sous une certaine profondeur d'eau. C'est ce que nous apprennent les cartes dites *marines*, qui représentent, non-seulement la profondeur de la mer en une foule de points, mais aussi la nature de son fond, telle que la sonde le fait reconnaître.

L'examen de ces cartes montre que, de même que les plaines limoneuses et unies qui se forment aux embouchures des rivières sur le littoral, les dépôts dont il s'agit s'étalent sous des formes planes et constituent de véritables plaines sous-marines. Tel est, par exemple, le fond de la Manche et celui qui borde la France dans l'Océan, dont nous avons mentionné plus haut la faible inclinaison.

En résumé, la mer peut être considérée comme un immense atelier de trituration, de charriage et de dépôt ; elle produit en grand ce qui s'opère, sur une distance de quelques kilomètres, dans le lit d'un torrent. La trituration a lieu tout le long du littoral ; le charriage est produit par les divers mouvements dont l'Océan est agité : vagues, marées, courants réguliers ; enfin le dépôt s'opère dans les régions relativement calmes du bassin.

Quelle est la nature de ces alluvions, de ces dépôts de la mer, qu'ils aient été apportés à l'Océan par les cours d'eau, ou qu'ils soient dus à l'érosion du littoral? Vous voyez qu'ils se composent, pour la plus grande partie, de débris arrachés aux roches des continents; c'est-à-dire de cailloux, de sable et de limon.

Quelquefois ces matériaux se trouvent tous réunis. Ordinairement ils sont séparés par le triage naturel de l'eau. Les cailloux, les parties grossières vont d'un côté; les sables sont charriés ailleurs, et le limon encore plus loin.

Mais à ces débris de roches préexistantes, viennent se mêler les dépouilles solides des animaux marins. Ce sont spécialement des coquilles abandonnées par la mer, après la mort de l'animal qui les habitait. Ces coquilles proviennent quelquefois de mollusques qui, pendant leur vie, ont formé des bancs, comme le font les huîtres; elles gardent alors la position qu'elles occupaient avant la mort de ces animaux. Mais, le plus souvent, ces coquilles ne sont pas fixées aux rochers. Quand elles ne sont plus habitées, elles deviennent le jouet des vagues, exactement comme le sable et le limon, avec lesquels elles vont s'accumuler pour demeurer enfouies dans ces dépôts, où on les retrouve soit entières, soit roulées et concassées. Ceux d'entre vous qui se sont promenés sur l'une de nos plages de la Manche et de l'Océan, ont pu trouver de ces mélanges de sable et de coquilles brisées, tels que la *tangue*, que l'on exploite si activement sur les côtes de Bretagne, pour l'amendement des terres. Mais il est d'autres points où les débris de coquilles s'accumulent seuls, sans mélange de débris pierreux, et par une sorte de triage dû aux mouvements de l'eau ; tellement que dans certains pays où le calcaire est rare, comme dans les régions granitiques de la

Norwége, on exploite ces accumulations journalières de coquilles pour en fabriquer de la chaux.

Vous pouvez également remarquer la nature de ces attérissements de la mer dans le bassin des ports qui s'envase par leur arrivée incessante. Le bassin de certains ports se comblerait donc et ne permettrait plus l'entrée des navires, si l'on n'y remédiait par un draguage périodique. Quand vous assisterez à cette opération qui s'opère par la même machine qui fonctionne, à Paris même, dans le lit de la Seine, vous verrez rapporter dans les godets, soit de la vase fine, soit du sable, soit plus rarement du gravier, le tout parsemé de coquilles, entières ou concassées.

Maintenant il faut remarquer que les dépôts marins dont nous venons de faire l'histoire ne conservent pas toujours cet état incohérent qui est celui du sable et du limon. Dans certaines conditions, ils peuvent se consolider. D'abord, la pression qu'ils supportent, lorsque d'autres dépôts sont venus s'y superposer, et peser sur eux de tout leur poids, contribue à leur donner de la consistance. En outre, ils peuvent se cimenter, sous l'action de certaines substances qui se précipitent dans la mer, et notamment du carbonate de chaux. Cette agglutination des sables, au moyen d'un ciment, se fait assez rapidement sur certaines côtes, pour qu'au bout de quelques années, ces sédiments de la mer soient devenus de véritables pierres, susceptibles d'être utilisées dans les constructions. C'est ce que l'on voit par exemple sur les côtes de Sicile, non loin de Messine. Celle que je vous présente ici, provenant des côtes de la Guadeloupe, possède la consistance des meilleures pierres de taille ; cependant son origine toute récente ne saurait être mise en doute, puisqu'elle est attestée par la présence d'ossements humains et de produits de l'industrie humaine mêlés à ses éléments coquilliers. Cette circonstance, depuis longtemps remarquée, a même valu à cette pierre, de la part des indigènes, le nom de *Maçonne-bon-Dieu*.

III

Une fois arrivés à ce point, la ressemblance qu'offrent les dépôts actuels de la mer avec les roches des continents devient extrêmement frappante ; et c'est ici le lieu d'insister sur les analogies qui rapprochent si intimement les sédiments marins d'une partie des roches que l'on rencontre sur les portions émergées ou continentales de notre globe, pour établir, entre les continents et l'Océan, le lien de parenté qui fait le principal sujet de notre présente étude.

La pierre de construction la plus répandue aux environs de Paris, vous offre, de cette ressemblance, un exemple que vous avez chaque jour sous les yeux. Cette pierre, de nature calcaire, que je vous ai déjà signalée, est formée entièrement de coquilles, dont les formes se trouvent encore dans les mers actuelles. Ces coquilles, parmi lesquelles quelques-unes sont entières, mais qui pour la plupart sont brisées, sont associées, dans les couches dont elles font partie, exactement comme elles le sont dans les dépôts coquilliers de la mer actuelle. Vous avez sous les yeux de ces dépôts contemporains de coquilles, que vous ne distingue-

riez sans doute pas de notre calcaire pari-
sien, que je prends ici pour le type d'une
foule de dépôts analogues qu'on retrouve de
toutes parts dans l'intérieur des continents.

Les coquilles ne sont pas les seuls animaux qui conduisent à reconnaître l'origine
marine de nos continents. Les polypiers,
dont vous avez un exemple dans *le corail*,
mènent à la même conclusion.

Vous êtes peut-être surpris de m'entendre
placer au nombre des animaux, le corail,
si recherché pour ses belles couleurs rose ou
rouge, et que vous avez peut-être pris pour
une pierre. Rien n'est plus juste cependant. Tout aussi bien que la coquille de
l'escargot, le corail est produit par de petits animaux appelés polypes, qui restent
fixés sur lui, aussi bien que l'huître dans sa
coquille et sur le roc. Ces polypes, dont l'as-

pect est celui d'une fleur, ont contribué à faire regarder pendant longtemps le corail comme un végétal, dont il se rapproche du reste par sa forme. Après leur mort, ces polypes entrent en décomposition et disparaissent. Leur charpente pierreuse, c'est-à-dire le corail, reste au fond de l'eau où elle témoigne seule de leur existence.

D'autres polypes, moins connus que ceux qui produisent le corail rouge, vivent dans le bassin des mers. On les observe sur nos côtes, mais ils sont surtout abondants dans les mers chaudes, où ils existent en immense quantité. Ils produisent en général des masses blanches, de nature calcaire, sur lesquelles viennent s'établir les générations qui leur succèdent.

Les voyageurs qui ont visité les mers tropi-cales, et surtout les premiers qui y ont navigué, ont été frappés d'étonnement, en voyant comment des animaux si petits ont produit des bancs sous-marins immenses. Sur des centaines et des milliers de kilomètres, on trouve de toutes parts des bancs, et même un grand nombre d'îles basses, dont, avec la collaboration des siècles, ces animaux inférieurs sont les ouvriers. Tels sont beaucoup des archipels disséminés dans le vaste océan Pacifique, et qui donnent à la partie du monde connue sous le nom d'Océanie, un caractère tout particulier : ceux des îles Marshall, des Carolines, des Maldives, des Laquedives, et d'immenses bordures qui encadrent la Nouvelle-Calédonie et l'Australie.

Dans l'intérieur des continents il existe d'anciens polypiers appartenant aux mêmes familles que ceux qui vivent dans nos mers chaudes ; ils présentent si bien les mêmes caractères de forme et de position, qu'on ne peut hésiter à leur attribuer la même origine. De semblables bancs de polypiers fossiles se rencontrent, avec des proportions considérables, et s'étendent d'une manière continue dans une partie de la France, dont ils constituent le sous-sol, par exemple, en Lorraine et en Bourgogne ; on en retrouve également dans d'autres parties des continents, comme en Angleterre et en Allemagne.

Ces bancs de polypiers attestent, et non moins clairement que les coquilles, l'intervention de l'eau de la mer dans la formation des continents.

Il faut d'ailleurs bien remarquer que ces divers dépôts annoncent en général, non un événement brusque et de courte durée, qui

aurait jeté la mer et ses produits dans l'intérieur des continents, mais bien un séjour
très-tranquille et très-prolongé de la mer,
comme celui qu'elle fait dans son bassin actuel.

La ressemblance entre les roches et les
sédiments contemporains de l'Océan n'est
pas toujours aussi frappante que dans les
cas dont je viens de vous entretenir. Parfois,
en effet, les coquilles ont été pulvérisées au
point d'être presque méconnaissables ; en
outre, leurs débris sont fortement agglutinés.

Ainsi, à la première vue, on ne reconnaî-
trait pas, comme dépôt de la mer, beaucoup
de calcaires qui, dans une partie de la
France, servent de pierre de construction. Il
en est de même du marbre dit *petit-granite*,
exploité en Flandre et en Belgique, et qui
n'est autre chose, comme l'apprend un

examen attentif, qu'une accumulation, de
restes solides, plus ou moins broyés, d'animaux voisins de l'étoile de mer.

Dans d'autres cas, les débris qui composent les calcaires proviennent d'animaux
marins de dimension microscopique, et
par conséquent invisibles à l'œil nu. Telle
est la craie dont l'origine organique n'a pu
être déterminée que par l'emploi des instru-
ments grossissants. Il vit en abondance dans
nos mers, de petits animaux semblables à
ceux dont les dépouilles constituent en partie
la craie.

Ce n'est pas seulement le calcaire qui nous
démontre l'existence de ces anciens dépôts
de la mer. Les couches de sable, de grès, de
poudingues, bien que de nature différente,
nous conduisent à la même conclusion.

Entre un très-grand nombre d'exemples,

je vous en citerai un des plus frappants, que
vous avez pour ainsi dire sous les yeux :
c'est le grès blanc que l'on exploite non loin
de Paris, à Beauchamp, près Ermont. Le
sable auquel ce grès est associé est blanc,
tout à fait incohérent et rempli de coquilles
marines, la plupart entières. L'abondance
des individus et des espèces est telle qu'en
un quart d'heure vous pourriez en recueillir
une collection déjà intéressante. Or ces coquilles sont dispersées dans le sable exactement comme dans la mer actuelle, tellement
qu'on pourrait se croire sur une de nos plages
où elles seraient mortes depuis peu de temps.
A Cuise-Lamotte, près de Compiègne, on
retrouve les mêmes faits, et les coquilles marines y sont d'espèces encore plus nombreuses.

Il convient d'ajouter que, si les dépouilles

d'animaux que l'on trouve dans les roches consistent surtout en coquilles marines et en polypiers, d'autres sortes d'animaux sont aussi représentées par leurs débris. Sur quelques points les poissons abondent, par exemple, dans les schistes, de formation beaucoup plus ancienne que nos couches des environs de Paris, que l'on exploite dans le bassin houiller d'Autun, pour produire ces huiles d'éclairage dont vous vous servez peut-être chaque jour.

Quant aux animaux terrestres, les quadrupèdes y ont quelquefois aussi laissé de leurs restes, des os ou des dents, mais bien plus rarement que les animaux aquatiques. Je citerai entre autres les débris trouvés, en très-grand nombre, dans les anciennes carrières de gypse de Montmartre, dont l'étude a puissamment contribué aux belles découvertes de Cuvier, sur l'organisation des espèces éteintes que l'on nomme aussi *fossiles*.

La rareté relative des animaux terrestres à l'état fossile est facile à expliquer par ce qui se passe sous nos yeux. Tandis que les débris des animaux aquatiques vont s'enfouir doucement dans la vase où ils sont soustraits aux influences de détérioration, les débris des animaux terrestres qui, sauf des cas exceptionnels, restent à découvert, sont par cela même soumis à de nombreuses causes de destruction. Il faut des circonstances particulières, telles qu'un débordement de rivière, pour que les débris soient charriés dans la mer ou dans les lacs et soient enfouis dans les sédiments.

Pour compléter la ressemblance des roches qui constituent les continents avec les dépôts de la mer, il faut ajouter qu'elles sont, comme ceux-ci, disposées par plaques minces régulières ou par couches.

La ressemblance est donc entière, sous le double rapport de la nature et de la disposition.

Remarquons que ces couches, autrefois déposées par les eaux, sont empilées sur des épaisseurs très-considérables, qui atteignent quelquefois en totalité plusieurs milliers de mètres. Leur formation correspond donc à des laps de temps d'une immense durée, puisque l'on estime qu'il n'a pas fallu moins d'une longue série d'années, et même de plusieurs siècles, pour présider à la formation d'un seul mètre de certaines roches, telles que des calcaires formés de coquilles.

Dans différentes localités, comme les Pyrénées, les Alpes, l'Himalaya, les Cordilières d'Amérique, on trouve de ces anciens fonds de mer, à 2,000 et 3,000 mètres de hauteur.

En résumé, la majeure partie des continents est formée par d'anciens fonds de mer, qui correspondent, non à des passages rapides de l'eau, mais à des séjours prolongés et tranquilles de l'Océan.

Comment expliquer la mise à sec de ces anciens fonds de mer, et leur situation actuelle, tellement élevée au-dessus du niveau de l'Océan ?

Pendant longtemps on a cru qu'une mer primitive, s'élevant beaucoup plus haut que la mer actuelle, avait recouvert les continents et même les plus hautes montagnes ; et qu'à la suite de phénomènes particuliers, elle s'était retirée dans des cavités situées à l'intérieur du globe. Cette manière de voir a été reconnue inadmissible ; on a été amené à reconnaître que ce sont' au contraire les anciens fonds de mer qui ont été soulevés sous l'effet d'une pression interne; ces fonds des mers ont émergé à diverses reprises, et ont formé des bossellements généraux. Ce ressort intérieur est évidemment en relation très-intime avec la chaleur propre de la terre, dont je vous ai précédemment entretenus. C'est peut-être cette chaleur elle-même.

Parmi les diverses masses pierreuses qui ont été formées par les eaux, il en est qui n'ont pas été formées dans la mer. L'eau, en stationnant sur les continents à l'état de lac, ou en se mouvant à leur surface sous forme de courants ou de fleuves, a donné naissance à des dépôts différents de ceux que nous venons d'examiner.

Ceux de ces dépôts qui se sont accumulés

4.

au fond d'anciens lacs d'eau douce, sont re-
présentés dans notre pays, sur une grande
étendue, par ces puissantes couches qui
constituent en partie l'Auvergne.

Dans ces dépôts, qui s'étendent sur une
partie considérable de la France centrale,
et qui ont plusieurs centaines de mètres
d'épaisseur, il y a absence totale de dépouilles marines; mais toutes les coquilles
que l'on y trouve appartiennent à des genres
qui vivent maintenant dans les eaux douces
et ne peuvent vivre dans l'eau salée. Ces
dépôts sont donc bien des produits de vastes
lacs qui ont disparu aujourd'hui.

Quant aux dépôts laissés par les anciennes
eaux courantes, en y comprenant les glaciers,
ils méritent une mention toute spéciale;
car ils recouvrent, sous forme de vastes nap-
pes, la plus grande partie des continents, et,

malgré leur faible épaisseur, frappent ainsi à chaque instant nos regards ; ce sont des matériaux incohérents, gravier, sable, limon, ressemblant à ceux que roulent actuellement les torrents et les rivières, mais occupant des positions que les cours d'eau ne peuvent, à beaucoup près, atteindre, même dans les plus hautes crues. Ils ne peuvent donc dater que d'une époque reculée, où les eaux courantes, qui ruisselaient de toutes parts à la surface des continents, s'élevaient à un niveau bien plus élevé qu'aujourd'hui. Vous pourrez voir un exemple de ces graviers et cailloux à la gare d'Ivry où ils sont exploités ; on vient de les entailler sur de vastes dimensions dans le Champ-de-Mars, pour établir les fondations des bâtiments de l'Exposition universelle ; quant au limon, vous le trouverez, par exemple, sur les hauteurs de Meudon. Les géologues ont distingué ces dépôts des terrains stratifiés, et les ont désignés sous les noms d'*alluvions anciennes*, de *diluvium*, de *terrain de transport*.

Les dépôts dont il s'agit ici recouvrant tous les sédiments marins qui forment les continents, sont par conséquent plus récents ; ils ont été formés quand les continents étaient déjà mis à sec et avaient reçu à peu près le relief général qu'ils ont aujourd'hui.

Je ne fais que dire en passant, sans essayer de vous le prouver, que ce ne sont pas seulement de grands cours d'eau qui ont formé ces dépôts. D'anciens glaciers, d'une étendue bien plus considérable que celle des glaciers contemporains, y ont contribué, comme on peut le reconnaître avec certitude.

Les glaciers exercent, en effet, sur les roches qui leur servent de lit, des effets de friction qui sont tout différents de ceux que produit l'eau liquide. Ce sont particulièrement des surfaces polies, striées, cannelées, même quand ils glissent sur les roches les plus dures, comme le granite. Or, des surfaces toutes semblables à celles que l'eau liquide ne peut réaliser, et que les glaciers seuls ont le privilége de façonner, se retrouvent bien au delà des limites des glaciers actuels, tout aussi nettement caractérisées que celles qu'on observe dans le voisinage de ces derniers.

En résumé, vous voyez comment les continents se démolissent peu à peu, et fournissent ainsi des matériaux qui deviendront de véritables pierres, semblables à la plus grande partie de celles qui se sont formées autrefois, à des époques bien antérieures à nous. C'est un système continuel de destruction et de renouvellement.

Toutes les parcelles des régions élevées des continents ne pouvant que descendre, les inégalités de la terre ferme tendraient donc peu à peu à s'amoindrir et finalement à s'effacer. D'un autre côté les dépressions du bassin de la mer qui reçoivent ces attérissements, se comblent généralement. Par suite de ce grand système de déblai et de remblai, il arrive ce que nous voyons se produire dans l'exécution des terrassements d'un chemin de fer, où les vallées sont comblées aux dépens des collines voisines. Notre globe, tant dans les terres fermes que dans la partie submergée, paraît marcher, par une double voie, vers un nivellement général.

Mais il y a une cause qui, depuis l'origine

du globe, s'oppose à un nivellement complet, et par conséquent à la disparition des continents.

C'est ce ressort intérieur, en rapport avec la chaleur propre du globe, qui a fait déjà émerger les fonds de mer sous forme de continent, dont l'existence se fait encore sentir à nous par certains mouvements lents, et qui, dans l'avenir, peut modifier le dessin du littoral des mers, comme il l'a fait dans le passé.

Grâce à l'antagonisme de ces deux causes, il se passe dans le globe quelque chose d'analogue à ce qui existe dans les êtres organisés, puisque ce qui existe aujourd'hui tend sans cesse à être détruit, pour renaître sous une forme rajeunie.

On ne peut donc qu'admirer, dans ce que je viens de vous dire, comme dans tant d'autres parties du monde, ce système de pondération qui conjure ce qui pourrait modifier l'économie générale de l'Univers.

FIN.

Impr. L. TOINON et Comp., à Saint-Germain.

9 782019 940676